BEI GRIN MACHT SICH IHR WISSEN BEZAHLT

- Wir veröffentlichen Ihre Hausarbeit,
  Bachelor- und Masterarbeit

- Ihr eigenes eBook und Buch -
  weltweit in allen wichtigen Shops

- Verdienen Sie an jedem Verkauf

Jetzt bei www.GRIN.com hochladen und kostenlos publizieren

Bibliografische Information der Deutschen Nationalbibliothek:

Die Deutsche Bibliothek verzeichnet diese Publikation in der Deutschen National-bibliografie; detaillierte bibliografische Daten sind im Internet über http://dnb.d-nb.de/ abrufbar.

Impressum:

Copyright © 2006 GRIN Verlag
Druck und Bindung: Books on Demand GmbH, Norderstedt Germany
ISBN: 9783668926400

Dieses Buch bei GRIN:

https://www.grin.com/document/463481

Dominik Ohlmann

Synthese neuer chiraler Liganden auf Basis von S-Benzyl-(L)-Cystein

GRIN Verlag

GRIN - Your knowledge has value

Der GRIN Verlag publiziert seit 1998 wissenschaftliche Arbeiten von Studenten, Hochschullehrern und anderen Akademikern als eBook und gedrucktes Buch. Die Verlagswebsite www.grin.com ist die ideale Plattform zur Veröffentlichung von Hausarbeiten, Abschlussarbeiten, wissenschaftlichen Aufsätzen, Dissertationen und Fachbüchern.

Besuchen Sie uns im Internet:

http://www.grin.com/

http://www.facebook.com/grincom

http://www.twitter.com/grin_com

Synthese neuer chiraler Liganden auf Basis von S-Benzyl-(L)-Cystein

Bericht zur Forschungsarbeit

vorgelegt von
Dominik Ohlmann

Technische Universität Kaiserslautern
Fachbereich Chemie
Fachrichtung Anorganische Chemie

November 2006

*Für die kompetente Unterstützung, die geduldige
Hilfsbereitschaft zu jeder Zeit und die kollegiale
Arbeitsatmosphäre danke ich sehr herzlich
Herrn Prof. Dr. W. R. Thiel und
Frau Dipl. Chem. Susann Bergner.*

ABKÜRZUNGSVERZEICHNIS

Å	Angström
Abb.	Abbildung
av	average (Durchschnitt bei Bindungslängen)
bzw.	Beziehungsweise
ca.	Circa
K	Kelvin
Mp.	Melting Point (Schmelzpunkt)
N	Normal (Säuren, Basen)
p.a.	pro analysis
Tab.	Tabelle

CH_2Cl_2	Dichlormethan
$(ClCO)_2$	Oxalylchlorid
Cp	Cyclopentadien
DMSO	Dimethylsulfoxid
Et_2O	Diethylether
EtOAc	Ethylacetat
MeOH	Methanol

NMR	Kernresonanzspektroskopie (Nuclear Magnetic Resonance)
s	Singulett
δ	Chemische Verschiebung
d	Dublett
dd	Dublett vom Dublett
t	Triplett
m	Multiplett
J	Kopplungskonstante in Hz
ppm	Parts per million
COSY	Verschiebungskorreliertes 2D-NMR (Correlated Spectroscopy)
HMQC	Heteronuclear Multiple Quantum Coherence

IR	Infrarotspektroskopie
$\tilde{v}$	Wellenzahl in cm^{-1}
s	starke Intensität (strong)
m	mittlere Intensität (middle)
w	schwache Intensität (weak)
ν	Valenzschwingung
δ	Deformationsschwingung
π	„out-of-plane"-Schwingung

INHALTSVERZEICHNIS

1 Einleitung

In den letzten Jahren bestand ein verstärktes Interesse am Einsatz von α-Aminosäuren in der Organischen Chemie. In diesem Zusammenhang spielten Reaktivität und Eigenschaften von *(L)*-Cystein eine wichtige Rolle in der bioorganischen Chemie, in der medizinischen Chemie und in der Synthese von Naturstoffen[1]. Darüberhinaus beschäftigte man sich im Hinblick auf stereoselektive Katalysen mit möglichen schwefelhaltigen Liganden, zum Beispiel mit Derivaten von *(L)*-Cystein, *(L)*-Cystin, Aminothiolen oder Sulfoxiden[2]. Verbindungen mit *S*-Benzyl-*(L)*-Cystein-Bausteinen finden sich dabei vor allem in der biochemischen Literatur, etwa im Zusammenhang mit Enzymkatalyse[3,4].

Die Chemie der Carbonsäureamide ist sehr gut verstanden und wird breitgefächert in vielen Gebieten angewendet[5]. Dennoch bringt die Verwendung von Aminosäurederivaten ungewöhnliche Reaktivitäten und Produkteigenschaften mit sich. Eine bekannte und verlässliche Methode zur Amidierung von Carbonsäurechloriden unter milden Bedingungen ist die Schotten-Baumann-Reaktion[6], welche auch für die Umsetzung von Aminosäuren geeignet erscheint.

2   Ziel der Arbeit

Das Ziel dieser Arbeit war die Synthese von Carbonsäureamiden des *S*-Benzyl-*(L)*-Cysteins (**1**) ausgehend von aliphatischen (**2a** und **2b**) und aromatischen (**2c** bis **2f**) Carbonsäurechloriden (siehe Schema 1). Verbindung **2f** sollte im Rahmen der Arbeit ebenfalls synthetisiert werden.

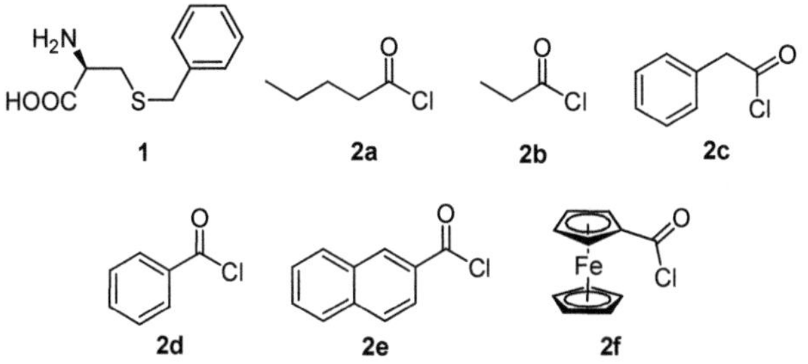

Schema 1. Übersicht über die eingesetzten Carbonsäurechloride.

Desweiteren sollten die synthetisierten Carbonsäureamide **3a-f** (siehe Schema 2) auf ihre Eignung als Liganden für Pd(II)-Komplexe untersucht werden, wobei Art und Weise der Koordination nahezu unbeschrieben sind. Das Übergangsmetall sollte hierbei in Form von [PdCl$_2$(C$_6$H$_5$CN)$_2$] (**4**) eingesetzt werden.

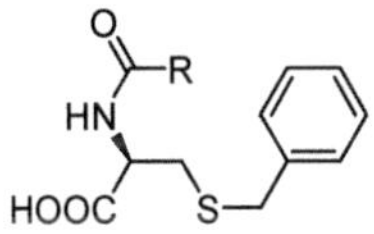

3a	R = C$_4$H$_9$
3b	R = C$_2$H$_5$
3c	R = CH$_2$C$_6$H$_5$
3d	R = C$_6$H$_5$
3e	R = C$_{10}$H$_7$
3f	R = C$_{10}$H$_9$Fe

Schema 2. Übersicht über die zu synthetisierenden Produkte.

3 Ergebnisse und Diskussion

3.1 Die Schotten-Baumann-Reaktion

Die Reaktion von Carbonsäurechloriden mit Alkoholen oder Phenolen in wässriger Natriumhydroxidlösung zu Carbonsäureestern wird als *Schotten-Baumann-Reaktion* bezeichnet. Setzt man als Nucleophile Ammoniak oder substituierte Amine ein, so werden die entsprechenden Carbonsäureamide erhalten, und zwar nach dem sogenannten tetraedrischen Mechanismus[7] (siehe Schema 3). Im ersten Schritt greift das freie Elektronenpaar des Amins am elektropositiven Carbonylkohlenstoff an. Es entsteht ein tetraedrisch substituiertes Intermediat, wobei die Abgangsgruppe noch gebunden ist. Im zweiten Schritt bildet sich unter Abspaltung des Chloridions die Carbonyl-Doppelbindung zurück und es entsteht das Ammoniumsalz. Erst im letzten Schritt wird ein Proton abgespalten und von der Base abgefangen. Es entsteht das gewünschte Carbonsäureamid.

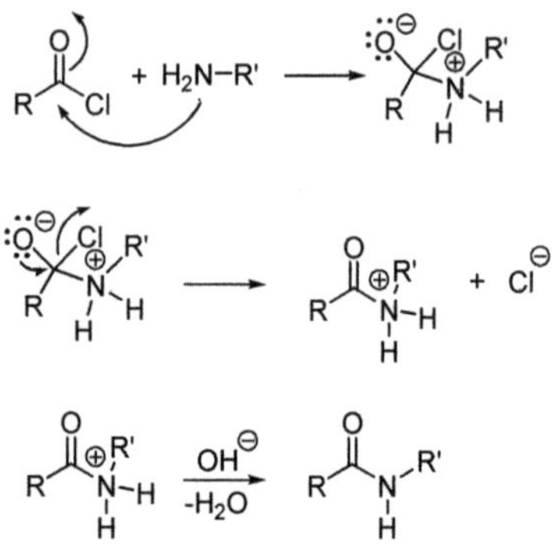

Schema 3. Mechanismus der Schotten-Baumann-Reaktion.

Es hat sich bewährt, das Amin in basischer, wässriger Lösung vorzulegen und das Carbonsäurechlorid unter Eiskühlung zuzutropfen. Dies ist bei Betrachtung der Reaktivitäten deshalb gerechtfertigt, weil die Nucleophilie des Amins größer ist als die von Wasser oder Hydroxidionen[8]. Die Base sollte im Überschuss eingesetzt werden, um die Bildung von Ammoniumionen zu unterdrücken. Diese können nicht wie das freie Amin als Nucleophil reagieren und würden daher den Umsatz beeinträchtigen. Da die Säurechloride in Wasser unlöslich sind, findet die Reaktion im Wesentlichen an der Phasengrenze statt. Es wurde daher im Zweiphasensystem Wasser / Diethylether gearbeitet und während den Umsetzungen stets stark gerührt.

3.2 Synthese der Liganden

3.2.1 Allgemeines

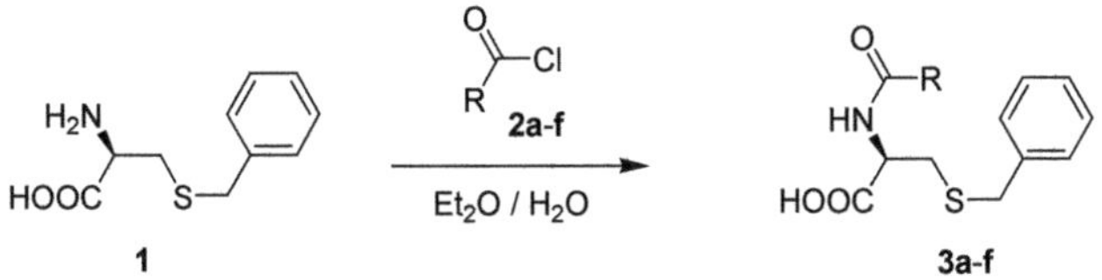

Schema 4. Allgemeine Reaktionsgleichung für die Umsetzung der Carbonsäurechloride.

Die Liganden **3a-f** wurden basierend auf der Methode von Matos[3] erfolgreich im Zweiphasensystem synthetisiert (siehe Schema 4). Im Rahmen der Arbeit wurden die Aufarbeitung und bei Verbindung **3f** auch die Reaktionsprozedur modifiziert. Die Synthesen gestalten sich im Allgemeinen recht einfach, weil die Produkte luftstabil sind. Lediglich die Synthesen von **2f** und **3f** erfolgten unter Luft- und Feuchtigkeitsausschluss.

Die Ausbeuten lagen durchweg im guten bis sehr guten Bereich (siehe Tab. 1). Mit Ausnahme von **3e** konnten die Verbindungen rein isoliert werden. Die Verbindungen **3b** und **3f** konnten sogar kristallin erhalten werden, so dass jeweils eine Kristallstrukturanalyse mittels Röntgendiffraktometrie durchgeführt werden konnte.

Verbindung	Ausbeute %
3a	89
3b	87
3c	88
3d	84
3e	96 [a)]
3f	57 [a)]

Tabelle 1. Ausbeuteangaben für die Ligandsynthesen, a) Rohprodukt

3.2.2 Liganden 3a-e

Beim ersten Syntheseversuch von Verbindung **3c** wurde strikt nach Lit.[3] gearbeitet. Da jedoch entgegen der Angaben bereits beim Ansäuern ein Feststoff ausfiel, ergaben sich einige zusätzliche und von der Vorschrift abweichende Aufarbeitungsschritte. Die Verbindungen wurden im Weiteren nach der optimierten Vorgehensweise synthetisiert. Bei Verbindung **3b** mussten ebenfalls geringfügige Modifizierungen vorgenommen werden, da ein direktes Ausfällen als Feststoff nicht möglich war. Die Elementaranalysen (C, H, N) weichen bei Verbindung **3a** geringfügig und bei Verbindung **3e** deutlich von den berechneten Zusammensetzungen ab. Dies wird durch Verunreinigungen noch unbekannter Art verursacht.

3.2.3   Reinigungsversuche bei Verbindung 3e

Das Rohprodukt von **3e** wurde einigen Reinigungsversuchen unterzogen: Es wurde wenig Substanz in Dichlormethan gelöst, wobei Trübungen entstanden. Nach Filtration über Whatman-Filter und destillativem Entfernen des Solvens im Vakuum (10^{-3} mbar) wurde erneut ein farbloser Feststoff erhalten. Das ^{1}H-NMR-Spektrum zeigte jedoch weiterhin Verunreinigungen im Bereich der aromatischen Protonen.

Ebenfalls versucht wurde die Auftrennung eines Teils des Rohproduktes mittels Dünnschichtchromatographie. Die Substanz wurde in Methanol gelöst und das Verhalten in diversen Laufmitteln (s. Abbildung 1) untersucht.

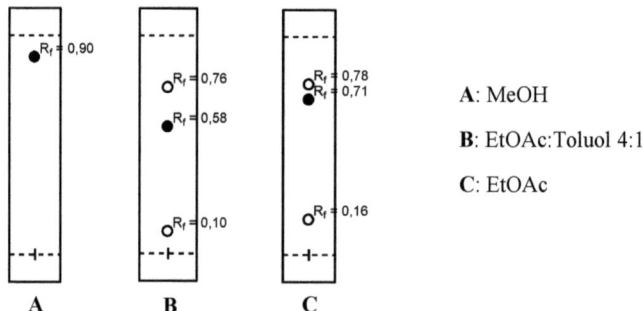

A: MeOH

B: EtOAc:Toluol 4:1

C: EtOAc

Abbildung 1. Dünnschichtchromatographie bei Verbindung **3e**.

Zu erkennen sind in den Fällen **B** und **C** je drei Spots, wobei der jeweils mittlere hier idealisiert dargestellt ist. Tatsächlich lag eine schweifähnliche Verformung der Spots vor, der eventuell von einer zu großen aufgetragenen Substanzmenge herrührt. Wurde jedoch mit weniger Substanz im Laufmittel **B** gearbeitet, so konnte keine Auftrennung mehr erreicht werden. Die Spots mit den größten R_f-Werten (Fälle **B** und **C**) waren jeweils nur schwach zu erkennen.

Reines *N*-(1-Naphthoyl)-*S*-benzyl-(*L*)-cystein (**3e**) konnte schließlich durch Umkristallisieren aus Methanol als farbloser, pulvriger Feststoff erhalten werden.

3.2.4   Ligand 3f

Als Edukt für die zweistufige Synthese[9] (s. Schema 4) kam kommerziell erhältliche Ferrocenmonocarbonsäure zum Einsatz.

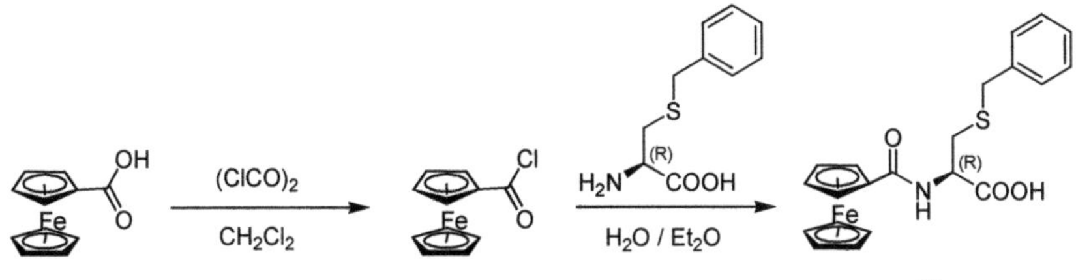

Schema 5. Synthese des Liganden **3f**.

Nach Umsetzung mit Oxalylchlorid im mehrfachen Überschuss in Dichlormethan wurden Kristalle von Ferrocencarbonsäurechlorid (**2f**) erhalten. Die Reaktion und die Aufarbeitung wurden bei diesem ersten Schritt unter Schutzgasatmosphäre durchgeführt. Die anschließende Schotten-Baumann-Reaktion mit **1** unter Luftausschluss und mit entgasten Lösungsmitteln lieferte luftstabiles N-Ferrocenoyl-S-benzyl-(L)-cystein (**3f**) als pulvrigen Feststoff. Der Versuch der Schmelzpunktbestimmung lieferte für das Rohprodukt keine definierte Schmelztemperatur, stattdessen trat bei ca. 170 °C Zersetzung ein. Im ¹H-NMR-Spektrum des Rohproduktes fallen paramagnetische Effekte auf, vor allem Bandenverbreiterungen im Bereich der Cp-Protonen. Diese werden wahrscheinlich durch Verunreinigung mit Spuren von Eisen(III) verursacht.

Es wurden verschiedene Reinigungs- und Kristallisationsversuche durchgeführt. Nicht zum Erfolg führte die Umkristallisation aus Methanol, es konnte weder bei Raumtemperatur, bei 4 °C, noch bei −45 °C kristallines Material isoliert werden. In reiner Kristallform konnte **3f** letztendlich durch Lösen des Rohproduktes in Dichlormethan, Filtration und anschließendes Überschichten mit Pentan erhalten werden.

3.2.5   Erläuterungen zu den ^{1}H-NMR-Spektren von 3a-f

Die ^{1}H-NMR-Spektren zeigen für das Proton H-7 bei den Verbindungen **3** eine sechsfache Aufspaltung des Signals, außer bei **3c** und **3d**. Zu erwarten wäre aufgrund der chemischen Umgebung ein achtfach aufgespaltenes Signalmuster für das Proton H-7, detektiert wurde dieses jedoch nur bei **3c**. Es resultiert aus der vicinalen Kopplung des Protons H-7 mit den beiden diastereotopen Protonen (H-6a und H-6b) und mit dem Amidproton (H-9). Diese Vorhersage wird

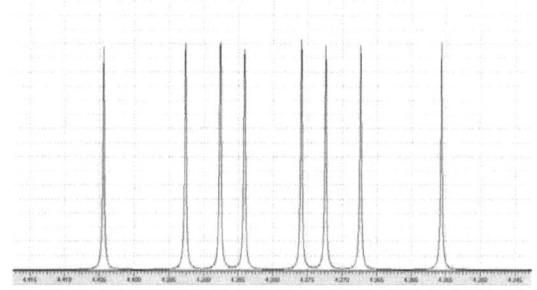

auch gestützt von einer Berechnung[10] am Beispiel von Verbindung **3a** (siehe Abb. 2). Rücken nun zwei der vier inneren Banden sehr eng zusammen, sind sie im Spektrum nicht mehr als getrennt zu erkennen. Es resultiert daher die bereits erwähnte sechsfache Aufspaltung für das Signal des Protons H-7, die im experimentellen Teil als Multiplett wiedergegeben ist (siehe Abb. 3). Die Bestimmung der Kopplungskonstanten war aus diesem Signal nicht möglich, lediglich

Abbildung 3. Ausschnitt aus dem berechneten ^{1}H-NMR-Spektrum von Verbindung **3a**. Gezeigt ist das Signal des Protons H-7.

aus den Signalen der diastereotopen Protonen (H-6a und H6-b) und aus dem des Amidprotons (H-9). Das Aufspaltungsmuster der Signale der diastereotopen Protonen (H-6a und H6-b) verdient ebenfalls Erwähnung. Jedes der beiden koppelt sowohl geminal mit dem anderen Proton an C-6 als auch vicinal mit dem Proton H-7 am asymmetrisch substituierten Kohlenstoffatom. Es resultiert daher als Aufspaltungsmuster ein „Dublett

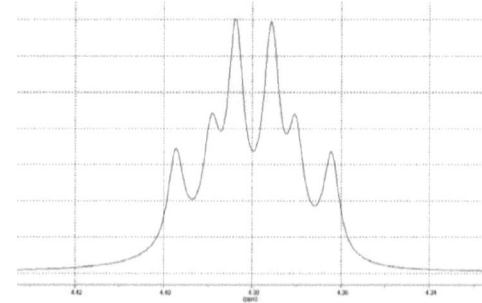

Abbildung 2. Ausschnitt aus dem gemessenen ^{1}H-NMR-Spektrum von Verbindung **3a**. Gezeigt ist das Signal des Protons H-7.

vom Dublett", aus dem sich sehr einfach die jeweiligen Kopplungskonstanten berechnen lassen. Das zu H-7 *anti*-ständige Proton H-6a koppelt dabei stets stärker mit H-7 (Werte für $^3J_{H6a, H7}$ um 7 Hz) als das zu H-7 *syn*-ständige Proton H-6b (Werte für $^3J_{H6b, H7}$ um 4.5 Hz, entsprechend Lit.[11]). Die Werte für $^2J_{H6a, H6b}$ liegen übereinstimmend mit Literaturangaben[11] im Bereich von 13.5 Hz. Ebenfalls jeweils diastereotop zueinander sind die Protonen H-5a / H-5b und auch H-11a / H-11b, dies ist im ^{1}H-NMR-Spektrum von Verbindung **3c** besonders deutlich zu erkennen. Jedes Proton erzeugt ein Dublett, und zwar mit Werten für die geminalen Kopplungskonstanten von $^2J_{H11a, H11b}$ = 14.2 Hz und $^2J_{H5a, H5b}$ = 13.2 Hz. Es lässt sich hierbei anhand der Spektren nicht entscheiden, welchem Proton welche chemische Verschiebung zuzuordnen ist.

3.3   Versuche zur Synthese von Komplex 5

3.3.1   *Allgemeines*

Um eine Komplexierung mit Palladium zu erreichen, wurde zunächst Ligand **3c** in Methanol gelöst und mit einer äquimolaren Menge [PdCl$_2$(C$_6$H$_5$CN)$_2$] (**4**) in Methanol zum Rückfluss erhitzt. Da sich die Mischung rasch dunkelbraun bis schwarz verfärbte, wird auf eine Reduktion des Pd(II) durch Methanol geschlossen. Es konnte kein aussagekräftiges Produkt isoliert werden.

In einem neuen Ansatz wurde **4** in Dichlormethan gelöst, wobei die orange Farbe erhalten blieb. Nach Zugabe von **3c** in äquimolarer Menge als Lösung in Methanol und Erhitzen zum Rückfluss wurde aufgearbeitet und ein orangebrauner, pulvriger Feststoff (**5**) gewonnen. Zur Kristallisation wurde das Rohprodukt in Dichlormethan aufgenommen und zur Diffusion mit Diethylether gegeben. Im Rahmen der Arbeit konnte kein kristallines Material isoliert werden.

3.3.2   *Komplexierung und Koordinationsmöglichkeiten*

Vergleicht man die IR- und ^{1}H-NMR–Spektren von Ligand **3c** mit denen des Rohprodukts von **5**, so lassen sich einige Bandenverschiebungen bzw. veränderte Signallagen identifizieren. Grundsätzlich denkbar sind drei Koordinationsarten (siehe Schema 6). Für die Koordination von Carboxylkohlenstoff und Schwefel (Fall **a)**) spricht die thermodynamisch günstige Ausbildung eines Sechsringes. Dagegen spricht allerdings die unveränderte Frequenz der C=O-Schwingung der Carboxylgruppe im freien Liganden und nach erfolgter Komplexierung. Aufgrund dieser Tatsache ist auch Fall **c)** mit einer Koordination über beide terminal gebundenen O-Atome weniger wahrscheinlich.

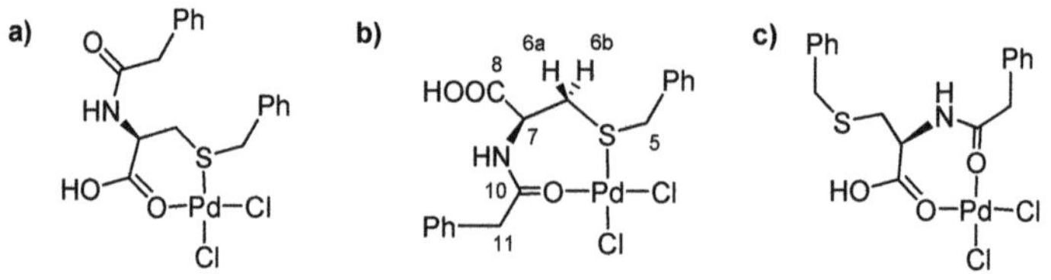

Schema 6. Mögliche Komplexstrukturen für **5**.

Betrachtet man die Veränderungen der Schwingungsfrequenzen (grau unterlegt in Tabelle 2), so scheint die Amidgruppe eindeutig an der Koordination beteiligt zu sein. Bevorzugt erfolgt diese im vorliegenden Fall mit Sauerstoff als Donoratom, da primäre oder sekundäre Amide nur im deprotonierten Zustand über das Stickstoffatom koordinieren. Für diese These sprechen die Verschiebung der N-H–Valenzschwingung und die Verschiebung der Amidbanden I und II im IR-Spektrum. Unsicher ist jedoch, ob die Bande um 699 cm⁻¹ als Amid-V–Schwingung oder als aromatische C-H–Deformationsschwingung zu interpretieren ist.

Ligand 3c $\tilde{\nu}$ / cm^{-1}	Komplex 5 $\tilde{\nu}$ / cm^{-1}	Schwingung[12]
3440	3450	υ(N-H)
3036	3036	υ(C-H); arom.
2966	2963	υ(O-H)
1729	1729	υ(C=O); Carboxyl
1646	1630	υ(C=O); Amid I
1526	1519	υ(C-N), δ(N-H); Amid II
1457	1452	υ (C=C); arom.
1262	1261	δ(C-H); CH$_2$
1096	1096	υ(C-O)
1027	1028	δ(C-H); arom.
764	763	π(C-H); arom. monosub,
699	698	δ(N-H); Amid V **oder** δ(C-H); arom.

Tabelle 2. Ausgewählte IR-Daten (KBr) für **3c** und **5**.

Das ^{1}H-NMR–Spektrum von **5** zeigt ebenfalls eine auffallend stark veränderte Signallage des Amidprotons. Die Signale für H-7, H-6b, H-5b und für die Benzylprotonen H-11a und H-11b zeigen gegenüber denen im freien Liganden **3c** leichte Veränderungen (siehe Tabelle 3), wie es bei der Ausbildung eines Sechsringes nach der in Schema 6 b) gezeigten Weise zu erwarten wäre. Ungeklärt bleibt die auffallend starke Veränderung der Signale aromatischen Protonen (7.19 – 7.27 im freien Liganden,

Ligand 3c δ / ppm	Komplex 5 δ / ppm	Zuordnung
2.69	2.68	H-6a
2.85	2.79	H-6b
3.49	3.50	H-11a
3.53	3.50	H-11b
3.65	3.60	H-5a
3.70	3.60	H-5b
4.29	4.45	H-7
7.19 – 7.27	7.51 – 7.85	H$_{aromat.}$
8.09	8.51	N-H

Tabelle 3. ^{1}H-NMR–Daten (d$_6$-DMSO, 600 MHz) für **3c** und **5**. Grau unterlegt sind die veränderten chemischen Verschiebungen.

7.51 – 7.85 im Komplex). Zieht man die Daten der ^{13}C{^{1}H}–NMR-Spektren in Betracht, so wird für das möglicherweise an der Koordination beteiligte Amidkohlenstoffatom C-10 lediglich eine leichte Veränderung (170.2 ppm im freien Liganden, 169.7 ppm im Komplex), für die aliphatischen Kohlenstoffatome C-6 (32.4 ppm im freien Liganden, 33.6 ppm im Komplex) und C-7 (51.8 ppm im freien Liganden, 53.1 ppm im Komplex) eine stärkere Veränderung registriert. Beinahe unverändert bleiben dagegen die Signale der aromatischen Kohlenstoffatome. Es könnte also durchaus eine Koordination nach der in Schema 6 b) gezeigten Weise erfolgen, so dass C-6 und C-7 das Rückgrat eines Chelatringes bilden. Für eine Koordination über das S-Atom könnte die Veränderung der chemischen Verschiebungen der benachbarten Protonen H-6a, H-6b und H-5a, H-5b sowie des Kohlenstoffatoms C-6 sprechen. Inwiefern die Anordnung der Phenylringe durch die Koordination von **3c** an das Metall

Ligand 3c δ / ppm	Komplex 5 δ / ppm	Zuordnung
32.4	33.6	C-6
35.3	35.5	C-5
41.9	42.3	C-11
51.8	53.1	C-7
126.4 – 138.1	126.3 – 138.7	C$_{aromat.}$
170.2	169.7	C-10
172.1	172.7	C-8

Tabelle 4. ^{13}C{^{1}H}-NMR-Daten (d$_6$-DMSO, 150 MHz) für die Verbindungen **3c** und **5**.

beeinflusst wird, kann nicht mit Sicherheit gesagt werden. Ohne eine vorliegende Kristallstrukturanalyse können keine endgültigen Aussagen bezüglich Koordination und Komplexstruktur getroffen werden.

3.4   Kristallstrukturanalysen[13]

3.4.1 Allgemeines

Alle relevanten kristallographischen Informationen sind in Tabelle 4 zusammengefasst.

	3b	3f
Summenformel, empirisch	$C_{13}H_{17}NO_3S$	$C_{21}H_{21}FeNO_3S$
Molekulargewicht	267.34	423.30
Raumgruppe	$P\ 1\ 2_1\ 1$	$P\ 1\ 2_1\ 1$
a, Å	5.29090(10)	11.0158(4)
b, Å	8.2262(2)	5.71140(10)
c, Å	15.0951(4)	15.5929(4)
α, Grad	90	90
β, Grad	92.323(2)	110.102(3)
γ, Grad	90	90
V, Å^3	656.46(3)	921.27(4)
Formeleinheiten pro Zelle Z	2	2
$\rho_{ber.}$, g/cm^3	1.352	1.526
Kristallgröße, mm	0.38 x 0.15 x 0.03	0.36 x 0.20 x 0.09
Strahlung	CuKα (λ = 1.54180 Å)	CuKα (λ = 1.54180 Å)
R_1, $wR_2{}^a$	0.0316, 0.0762	0.0438, 0.1106

$$^a\ R_1 = \sum(F_o - F_c)/\sum(F_o);\ wR_2 = [\sum(w(F_o - F_c)^2)/\sum(wF_o^2)]^{1/2}$$

Tabelle 4. Relevante Kristallstrukturdaten für **3a** und **3f**.

Kristalle von **3b** und **3f** in Röntgenstrukturqualität wurden mit Spezialöl auf einen dünnen Glasdraht aufgebracht. Die Akquisition der Daten erfolgte bei einer Temperatur von 150 K mit einem *Oxford Diffraction Gemini S Ultra* mit CCD-Detektor. Es wurde bis zu einem 2θ-Maximum von 60.24 ° (**3b**) bzw. 62.70 ° (**3f**) unter Verwendung des Ω-Scanmodus gemessen. Von 2509 gemessenen Reflexen für **3b** und 4706 für **3f** waren 1621 für **3b** und 2260 für **3f** unabhängig. Die Absorptionskorrektur erfolgte semiempirisch aus Äquivalenten. Zur Strukturlösung mittels direkter Methoden wurde SHELXS-97 (Sheldrick, 1997) verwendet, die Strukturverfeinerungen wurden als Vollmatrix Least-Squares gegen F^2 mit SHELXL-97 (Sheldrick, 1997) vorgenommen. Für die Verfeinerung wurden unter Annahme eines Reitermodells alle Reflexe herangezogen. Die Wasserstoffatome wurden geometrisch lokalisiert und dasjenige an der Carboxylgruppe wurde frei verfeinert. Als Temperaturfaktor wurde bei der Hydroxylgruppe der 1.5-fache Wert eingesetzt. Für alle anderen Wasserstoffatome wurde der 1.2-fache Wert des äquivalenten isotropen Temperaturfaktors desjenigen Atoms eingesetzt, an welches das jeweilige H-Atom gebunden ist.

3.4.2   Verbindung 3f

3f kristallisiert in der monoklinen Raumgruppe $P\ 1\ 2_1\ 1$ mit zwei unabhängigen Molekülen pro asymmetrischer Einheit. In Abbildung 4 ist eine ORTEP-Darstellung von **3f** gezeigt; die ermittelten Bindungslängen und -winkel sind in Tabelle 5 zusammengefasst.

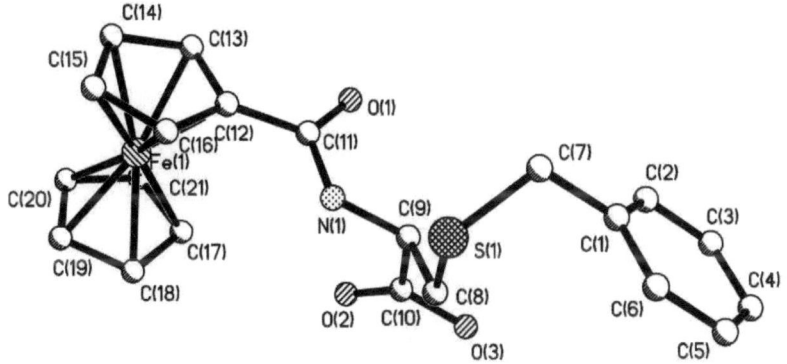

Abbildung 4. ORTEP-Plot von **3f** (50 % Wahrscheinlichkeit). Gezeigt ist nur eines der Moleküle in der asymmetrischen Einheit. Die Wasserstoffatome sind aus Gründen der Übersichtlichkeit nicht dargestellt.

In jedem Molekül sind die Abstände von Fe zu den C-Atomen der Cp-Ringe normal verglichen mit denen anderer Ferrocenderivate[14]. Interessanterweise sind die Cp-internen C–C-Bindungslängen im substituierten Cp-Ring (1.412(8) bis 1.444(7) Å) länger als im unsubstituierten Cp-Ring (1.406(7) bis 1.423(9) Å); dies wurde auch bereits zuvor dokumentiert[14]. Der Abstand von Carbonylkohlenstoff zu Cp-Ring (C(11)–C(12) 1.478(6) Å) entspricht dem einer normalen C–C-Einfachbindungslänge, die Carbonyl-C–O-Bindungslänge ist mit 1.243(6) Å etwas kürzer als in der freien Ferrocencarbonsäure[15]. Die Amid-C–N-Bindungslängen (C(11)–N(1) 1.343(6) und C(9)–N(1) 1.448(5) Å) zeigen deutlichen Einfachbindungscharakter. Die Amidgruppe ist leicht aus der Ebene des Cp-

Ringes, an den sie gebunden ist, herausgedreht (6.15°). Die S–C-Bindungslängen (1.794(6) und 1.793(5) Å) und der Bindungswinkel C–S–C von 101.3(2)° sind normal für Thioetherbindungen[16].

Bindungslängen	
av Fe–C	2.043(3) (für CpR)
av Fe–C	2.043(9) (für Cp)
O(1)–C(11)	1.243(6)
C(12)–C(11)	1.478(6)
C(11)–N(1)	1.343(6)
S(1)–C(7)	1.794(6)
S(1)–C(8)	1.793(5)
Bindungswinkel	
O(1)–C(11)–N(1)	122.5(4)
C(7)–S(1)–C(8)	101.3(2)

Tabelle 5. Ausgewählte Bindungslängen (Å) und -winkel (Grad) für **3f**.

3.4.3   Verbindung 3b

Die strukturellen Eigenschaften von **3b** sind denen von **3f** sehr ähnlich. Eine ORTEP-Darstellung findet sich in Abbildung 5, relevante Bindungslängen und -winkel sind in Tabelle 6 zusammengestellt.

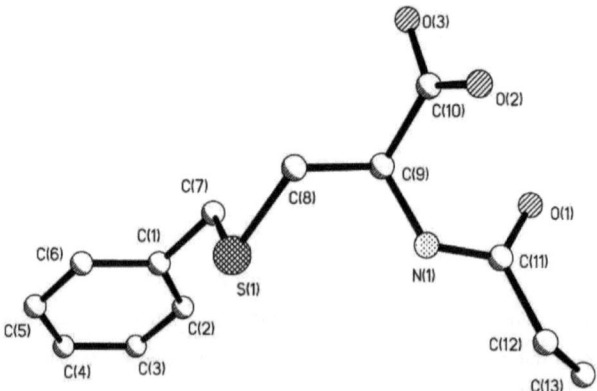

Abbildung 5. ORTEP-Plot von **3b** (50 % Wahrscheinlichkeit). Gezeigt ist nur eines der Moleküle in der asymmetrischen Einheit. Die Wasserstoffatome sind aus Gründen der Übersichtlichkeit nicht dargestellt.

Auch **3b** kristallisiert in der monoklinen Raumgruppe $P\,1\,2_1\,1$ und es sind zwei unabhängige Moleküle pro asymmetrischer Einheit vorhanden. Die Amidgruppe ist nur unmerklich (0.1°) aus der Ebene N(1)–C(11)–C(12) herausgedreht. Die S–C-Bindungen sind mit 1.818(3) und 1.810(3) Å etwas länger als bei **3f**, eine deutliche Veränderung tritt auch bei der längeren C(11)-C(12)-Bindung (1.512(4), **3f**: 1.478(6) Å) auf. Die größte Bindungslänge findet sich zwischen C(9) und C(10), mit 1.528(4) Å typisch für C–C-Einfachbindungen. Die Bindungswinkel C–S–C weichen nur geringfügig von denen in **3f** ab (siehe Tabelle 6).

Bindungslängen	
O(1)–C(11)	1.241(3)
C(12)–C(11)	1.512(4)
C(11)–N(1)	1.326(4)
S(1)–C(7)	1.818(3)
S(1)–C(8)	1.810(3)
Bindungswinkel	
O(1)–C(11)–N(1)	121.3(3)
C(7)–S(1)–C(8)	100.07(14)

Tabelle 6. Ausgewählte Bindungslängen (Å) und -winkel (Grad) für **3b**.

4   Experimenteller Teil

4.1   Allgemeines

4.1.1   Verwendete Geräte

Für die Aufnahme der Kernresonanzspektren wurden ein *Bruker Advance DPX 400* (^{1}H 400 MHz, ^{13}C 100 MHz) und ein *Bruker Advance 600* (^{1}H 600 MHz, ^{13}C 150 MHz) verwendet. Die chemischen Verschiebungen der Signale sind in Einheiten der δ-Skala angegeben (ppm). Bei Aufspaltungsmustern wird jeweils der Mittelwert des Signals genannt. Als interner Standard dienten bei ^{1}H-NMR–Spektren die Resonanzsignale[17] der Restprotonen des verwendeten Solvens und bei ^{13}C{^{1}H}–NMR–Spektren die entsprechenden Resonanzsignale. Die Signale wurden mit Hilfe von 2D-COSY– und HMQC– Messungen zugeordnet. Alle Messungen erfolgten bei 295 K.

Die Elementaranalysen C/H/N wurden im Arbeitskreis von Prof. J. Hartung am Fachbereich Chemie der TU Kaiserslautern mit einem *Perkin Elmer Elementar Analyser 2400 CHN* durchgeführt.

Die dünnschichtchromatographischen Auftrennungen wurden mit *POLIGRAM SIL G/UV$_{254}$* – Platten der Firma *Macherey-Nagel* vorgenommen. Zur Detektion der Substanzen wurden Fluoreszenzlöschungen bei 254 nm und Anregung der Eigenfluoreszenzen bei 366 nm genutzt.

Die Schmelzpunkte wurden mit dem Gerät *SMP3* der Firma *Stuart* gemessen. Es wurde jeweils eine Doppelbestimmung durchgeführt.

Die Infrarot-Schwingungsspektren wurden an einem *Jasco Fourier Transform Infrared Spectrometer FTIR 6100* aufgenommen. Die Angabe der Bandenlage erfolgt in Wellenzahlen (cm^{-1}).

4.1.2   Verwendete Chemikalien

Die Ausgangsmaterialien *S*-Benzyl-*(L)*-Cystein (**1**) (Acros Organics, 99 %), Valerylchlorid (**2a**) (Acros Organics, 98 %), Propionylchlorid (**2b**) (Acros Organics, 98 %), Phenylacetylchlorid (**2c**) (Acros Organics, 98 %), 1-Naphthoylchlorid (**2e**) (Acros Organics,

99 %), Ferrocencarbonsäure (Aldrich, 97 %), Oxalylchlorid (Merck, 98 %), PdCl$_2$(PhCN)$_2$ (**4**) (Strem Chemicals, 99 %) sowie Methanol (Merck, p.a.) sind kommerziell erhältlich. Die Solventien Dichlormethan und Diethylether wurden mit dem Gerät *MB SPS* der Firma *Braun* getrocknet.

4.2   Ferrocencarbonsäurechlorid (2f)

Alle Arbeitsschritte wurden unter Stickstoff-Schutzgasatmosphäre und mit standardmäßiger Schlenk-Technik ausgeführt. Die Prozedur entspricht im Wesentlichen der von Frey[9].

Es wurden 6.18 g (26.86 mmol) Ferrocencarbonsäure in 350 ml trockenem Dichlormethan suspendiert. Unter Eiskühlung wurde eine Mischung aus 34.09 g (268.6 mmol) Oxalylchlorid und 35 ml Dichlormethan zugetropft, wobei sich das Reaktionsgemisch dunkelrot verfärbte. Nach Rühren über Nacht bei Raumtemperatur wurden Solvens und überschüssiges Oxalylchlorid bei Normaldruck abdestilliert. Der Rückstand wurde mit 80 ml kaltem und mit 3 x 80 ml siedendem Petroleumether Siedebereich 40-60 °C extrahiert und die Extrakte in einem Schlenkrohr vereinigt. Nach Einengen auf ca. 100 ml und Aufbewahren der Lösung für zwei Tage bei 4 °C waren dunkelroten Kristalle ausgefallen. Es wurde erneut auf etwa die Hälfte eingeengt und nach einem weiteren Tag Aufbewahrung bei 4 °C die überstehende Lösung abdekantiert. Die Kristalle wurden im Ölpumpenvakuum getrocknet, die Lösung erneut kühl gelagert. Nach erneutem Ausfallen von Kristallen wurde wiederum die überstehende Lösung abdekantiert und der Feststoff im Ölpumpenvakuum getrocknet. Es wurden 4.60 g (18.51 mmol, 69 %) eines dunkelroten Feststoffs erhalten.

^{1}H-NMR (CDCl$_3$, 400 MHz): [δ] 4.34 (s, 5 H, H-1), 4.65 (s, 2 H, H-2), 4.93 (s, 2 H, H-3). **^{13}C{^{1}H}-NMR** (CDCl$_3$, 100 MHz): [δ] 71.2 (C-1), 72.4 (C-2), 74.0 (C-3), 75.2 (C-4), 169.6 (C-5).

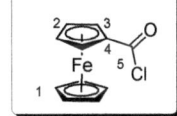

4.3   Synthese der Liganden

4.3.1   Allgemeine Synthesevorschrift zur Darstellung der Liganden 3a-f[3]

Es werden 5.00 g (23.67 mmol) von **1** mit 2.27 g (56.81 mmol) Natriumhydroxid in 20 ml Wasser gelöst und 20 ml Diethylether zugegeben. Unter Eiskühlung und kräftigem Rühren wird eine Lösung von 28.40 mmol des Carbonsäurechlorids **2** in 35 ml Diethylether zugetropft. Nach beendeter Zugabe wird noch 3 Stunden bei Raumtemperatur gerührt. Die Phasen werden getrennt und die wässrige Phase mit 2 x 15 ml Diethylether gewaschen. Nach Zugabe von 2N Salzsäure wird das ausgefallene Präcipitat abgesaugt und im Vakuum (10^{-3} mbar) getrocknet. Nach Aufnehmen in Methanol und Trocknen mit Natriumsulfat wird das Solvens im Vakuum (10^{-3} mbar) destillativ entfernt und die jeweiligen Produkte **3a-f** als pulvrige Feststoffe erhalten.

4.3.2   N-Valeryl-S-benzyl-(L)-cystein (3a)

Synthese nach der allgemeinen Vorschrift. Es wurden 6.25 g (21.2 mmol, 89 %) eines farblosen, pulvrigen Feststoffs erhalten.

$C_{15}H_{21}NO_3S$ (295.40). CHN: *ber.*: C, 60.99 %; H, 7.17 %; N, 4.74 %; *gef.*: C, 58.38 %; H, 6.82 %; N, 4.49 %. **Mp.:** 98-100 °C. **^{1}H-NMR** (d_6-DMSO, 600 MHz): [δ] 0.85 (t, 3H, $^3J_{H14,\ H13}$ = 7.3 Hz, H-14), 1.27 (m, 2H, H-13), 1.48 (m, 2H, H-12), 2.13 (m, 2H, H-11), 2.64 (dd, 1H, $^3J_{H6a,\ H7}$ = 6.7 Hz, $^2J_{H6a,\ H6b}$ = 13.5 Hz, H-6a), 2.82 (dd, 1H, $^3J_{H6b,\ H7}$ = 4.7 Hz, $^2J_{H6b,\ H6a}$ = 13.5 Hz, H-6b), 3.71 (d, 1H, $^2J_{H5a,H5b}$ = 13.2 Hz, H-5a), 3.74 (d, 1H, $^2J_{H5b,H5a}$ = 13.2 Hz, H-5b), 4.38 (m, 1H, H-7), 7.22 (m, 1H, H-1), 7.29 (d, 4H, $H_{aromat.}$), 8.01 (d, 1H, $^3J_{H9,H7}$ = 8.1 Hz, H-9). **^{13}C{^{1}H}-NMR** (d_6-DMSO, 150 MHz): [δ] 13.8 (C-14), 21.8 (C-13), 27.5 (C-12), 33.1 (C-6), 35.0 (C-11), 35.4 (C-5), 52.1 (C-7), 126.8 (C-1), 128.3 (C-2), 128.9 (C-3), 138.5 (C-4), 172.1 (C-10), 172.7 (C-8).

4.3.3   N- Propionyl-S-benzyl-(L)-cystein (3b)

Synthese nach der allgemeinen Vorschrift. Beim Ansäuern fiel kein fester Niederschlag aus, sondern eine farblose, gallertartige Masse. Nach zwei Tagen Lagerung bei 4 °C wurde die überstehende klare Flüssigkeit abdekantiert und die farblose Masse im Vakuum (10^{-3} mbar) getrocknet (Rohausbeute ca. 6 g). Nach Aufnahme des Feststoffs in 25 ml Methanol und Trocknen mit Natriumsulfat wurde das Solvens im Vakuum (10^{-3} mbar) destillativ entfernt. Es wurden 5.50 g (20.6 mmol, 87 %) eines farblosen, pulvrigen Feststoffs erhalten.

$C_{13}H_{17}NO_3S$ (267.34). CHN: *ber.*: C, 58.40 %; H, 6.41 %; N, 5.24 %; *gef.*: C, 58.26 %; H, 6.47 %; N, 5.19 %. **Mp.:** 95-96 °C. **^{1}H-NMR** (d_6-DMSO, 400 MHz): [δ] 1.00 (t, 3H, $^3J_{H12, H11}$ = 7.5 Hz, H-12), 1.27 (qa, 2H, $^3J_{H11, H12}$ = 7.5 Hz, H-11), 2.65 (dd, 1H, $^3J_{H6a, H7}$ = 8.3 Hz, $^2J_{H6a, H6b}$ = 13.7 Hz, H-6a), 2.78 (dd, 1H, $^3J_{H6b, H7}$ = 5.4 Hz, $^2J_{H6b, H6a}$ = 13.7 Hz, H-6b), 3.75 (s, 2H, H-5), 4.43 (m, 1H, H-7), 7.22 (m, 1H, H-1), 7.30 (m, 4H, $H_{aromat.}$), 8.15 (d, 1H, $^3J_{H9,H7}$ = 8.3 Hz, H-9). **^{13}C{^{1}H}-NMR** (d_6-DMSO, 100 MHz): [δ] 9.51 (C-12), 28.1 (C-11), 32.5 (C-6), 35.4 (C-5), 51.6 (C-7), 126.6 (C-1), 128.1 (C-2), 128.6 (C-3), 138.1 (C-4), 171.9 (C-10), 172.8 (C-8). **IR** (KBr, cm^{-1}): υ = 3739 m, 3447 s [υ(O-H)], 3328 s, 3082 m, 2911 m, 1704 m [υ(C=O), Amid], 1618 m [υ(C=O), COOH], 1560 m [δ(N-H), Amid], 1491 w, 1451 w, 1415 w, 1301 w, 1260 m, 1233 m, 1121 w, 1071 w, 1028 w, 924 w, 801 w, 741 w, 713 m, 646 m, 607 w, 541 w, 419 w.

4.3.4   N-Phenylacetyl-S-benzyl-(L)-cystein (3c)

Synthese nach der allgemeinen Vorschrift. Es wurden 6.89 g (20.9 mmol, 88 %) eines farblosen, pulvrigen Feststoffs erhalten.

$C_{18}H_{19}NO_3S$ (329.41). CHN: *ber.*: C, 65.63 %; H, 5.81 %; N, 4.25 %; *gef.*: C, 63.80 %; H, 5.59 %; N, 4.16 %. **Mp.:** 129 °C. **^{1}H-NMR** (d_6-DMSO, 600 MHz): [δ] 2.69 (dd, 1H, $^3J_{H6a, H7}$ = 7.4 Hz, $^2J_{H6a, H6b}$

= 13.4 Hz, H-6a), 2.85 (dd, 1H, $^3J_{H6b, H7}$ = 4.4 Hz, $^2J_{H6b, H6a}$ = 13.4 Hz, H-6b), 3.49 (d, 1H, $^2J_{H11a,H11b}$ = 14.2 Hz, H-11a), 3.53 (d, 1H, $^2J_{H11a,H11b}$ = 14.2 Hz, H-11b), 3.65 (d, 1H, $^2J_{H5a,H5b}$ = 12.9 Hz, H-5a), 3.70 (d, 1H, $^2J_{H5a,H5b}$ = 12.9 Hz, H-5b), 4.29 (m, 1H, H-7), 7.19 – 7.27 (m, 10H, H$_{aromat.}$), 8.09 (d, 1H, $^3J_{H9,H7}$ = 7.7 Hz, H-9). ^{13}C{^{1}H}-NMR (d$_6$-DMSO, 150 MHz): [δ] 33.6 (C-6), 35.5 (C-5), 42.3 (C-11), 53.1 (C-7), 126.3 (C-1), 126.7 (C-15), 128.1 (C-2), 128.3 (C-3), 128.9 (C-14), 129.2 (C-13), 136.5 (C-12), 138.7 (C-4), 169.7 (C-10), 172.7 (C-8). IR (KBr, cm^{-1}): υ = 3750 w, 3440 s [υ(O-H)], 3375 s, 2967 w [υ(C-H); Phenyl], 1729 w [υ(C=O); Amid], 1646 s [υ(C=O); COOH], 1526 m [δ(N-H); Amid], 1457 w , 1411 w, 1332 w, 1261 w, 1192 w, 1096 m, 1027 m, 869 w, 810 m, 760 w, 700 m, 624 w, 587 m, 553 m, 409 w.

4.3.5   N-Benzoyl-S-benzyl-(L)-cystein (3d)

Synthese nach der allgemeinen Vorschrift. Es wurden 6.29 g (19.9 mmol, 84 %) eines farblosen, pulvrigen Feststoffs erhalten.

C$_{17}$H$_{17}$NO$_3$S (315.39). CHN: *ber.*: C, 64.74 %; H, 5.43 %; N, 4.44 %; *gef.*: C, 64.24 %; H, 5.43 %; N, 4.45 %. Mp.: 120 °C. ^{1}H-NMR (d$_6$-DMSO, 600 MHz): [δ] 2.85 (dd, 1H, $^3J_{H6a, H7}$ = 9.9 Hz, $^2J_{H6a, H6b}$ = 13.8 Hz, H-6a), 2.94 (dd, 1H, $^3J_{H6b, H7}$ = 4.62 Hz, $^2J_{H6b, H6a}$ = 13.5 Hz, H-6b), 3.78 (s, 2H, H-5), 4.61

(m, 1H, H-7), 7.24 (m, 1H, H-4), 7.30 (m, 4H, H$_{aromat.}$), 7.49 (m, 2H, H$_{aromat.}$), 7.55 (m, 1H, H-14), 7.89 (m, 2H, H$_{aromat.}$), 8.73 (d, 1H, $^3J_{H9,H7}$ = 7.9 Hz, H-9). ^{13}C{^{1}H}-NMR (d$_6$-DMSO, 150 MHz): [δ] 32.1 (C-6), 35.2 (C-5), 52.3 (C-7), 126.9 (C-1), 127.4 (C-14), 128.3 (C-2), 128.4 (C-3), 128.9 (C-13), 131.5 (C-12), 133.9 (C-11), 138.3 (C-4), 169.3 (C-10), 172.3 (C-8). IR (KBr, cm^{-1}): υ = 3745 m, 3442 s [υ(O-H)], 3334 s, 2926 m, 1744 m [υ(C=O); Amid], 1640 s [υ(C=O); COOH], 1577 m [δ(N-H); Amid], 1522 s, 1491 m, 1453 w, 1415 w, 1340 w, 1308 w, 1259 w, 1228 m, 1184 w, 1156 w, 1094 w, 1072 w, 1028 w, 929 w, 849 w, 799 w, 767 w, 724 m, 695 m, 666 w, 621 w, 593 w, 573 w, 476 w.

4.3.6   N-(1-Naphthoyl)-S-benzyl-(L)-cystein (3e)

Synthese nach der allgemeinen Vorschrift. Beim Zutropfen fiel bereits ein flockiger Niederschlag aus, der sich beim Rühren bei Raumtemperatur wieder löste. An Rohprodukt wurden 8.31 g (22.7 mmol, 96 %) eines farblosen, pulvrigen Feststoffs erhalten. Zur weiteren Reinigung kann aus Methanol umkristallisiert werden (nicht quantitativ durchgeführt).

$C_{21}H_{19}NO_3S$ (365.45). **Mp.:** 109 °C. **^{1}H-NMR** (d_6-DMSO, 400 MHz): [δ] 2.86 (dd, 1H, $^3J_{H6a, H7}$ = 9.3 Hz, $^2J_{H6a, H6b}$ = 13.5 Hz, H-6a), 3.05 (dd, 1H, $^3J_{H6b, H7}$ = 4.4 Hz, $^2J_{H6b, H6a}$ = 13.4 Hz, H-6b), 3.84 (s, 1H, H-5), 4.67 (m, 1H, H-7), 7.24 (m, 1H, $H_{aromat.}$), 7.34 (m, 4H, $H_{aromat.}$), 7.56 (m, 3H, $H_{aromat.}$), 7.65 (m, 1H, $H_{aromat.}$), 7.99 (m, 2H, $H_{aromat.}$), 8.35 (m, 1H, $H_{aromat.}$), 8.61 (d, 1H, $^3J_{H9,H7}$ = 7.8 Hz, H-9). **^{13}C{^{1}H}-NMR** (d_6-DMSO, 100 MHz): [δ] 33.1 (C-6), 35.4 (C-5), 52.7 (C-7), 124.6 − 133.0 ($C_{aromat.}$), 134.5 (C-11), 138.4 (C-4), 168.1 (C-10), 172.0 (C-8).

4.3.7   N- Ferrocenoyl-S-benzyl-(L)-cystein (3f)

Synthese nach der allgemeinen Vorschrift, allerdings erfolgte Zutropfen und Rühren unter Schutzgas. Es wurden 880 mg (4.17 mmol) **1** vorgelegt, 400 mg (10.0 mmol) Natriumhydroxid in 5 ml entgastem Wasser und 5 ml entgaster Diethylether zugegeben. Nach Zutropfen von 1.24 g (5.00 mmol) **2f** in 10 ml Diethylether nahm die Mischung eine rote Färbung an. Nach Phasentrennung wurde die wässrige Phase mit 2 x 5 ml Diethylether gewaschen und mit ca. 8 ml 2 N Salzsäure versetzt. Der ausgefallene Niederschlag wurde abgesaugt und im Vakuum (10^{-3} mbar) getrocknet. Rohausbeute: 1.01 g (59 %) eines ockerfarbenen, luftstabilen, pulvrigen Feststoffs. Nach Lösen in Dichlormethan und Filtration über sehr feinporigen Whatman-Filter wurde die orange Lösung mit Pentan überschichtet. Innerhalb von zwei Tagen konnten dunkelorange bis rote, für Röntgenstrukturanalysen geeignete Kristalle von *N*- Ferrocenoyl-*S*-benzyl-(*L*)-cystein (**3f**) erhalten werden.

$C_{21}H_{21}FeNO_3S$ (423.315). Mp. 170 °C (Zers.). **^{1}H-NMR** (d$_6$-DMSO, 400 MHz): [δ] 2.80 (dd, 1H, $^3J_{H6a, H7}$ = 9.8 Hz, $^2J_{H6a, H6b}$ = 13.3 Hz, H-6a), 2.91 (dd, 1H, $^3J_{H6b, H7}$ = 4.5 Hz, $^2J_{H6b, H6a}$ = 13.3 Hz, H-6b), 3.80 (s, 2H, H-5), 4.23 (s, 5H, H-14), 4.37(t, 2H, $^3J_{H12, H13}$ = 1.8 Hz, H-13), 4.55 (m, 1H, H-7), 4.85 (m, 2H, H-12), 7.25 (m, 1H, H-1), 7.32 (m, 4H, H$_{Phenyl}$), 8.02 (d, 1H, $^3J_{H9,H7}$ = 8.3 Hz, H-9). **^{13}C{^{1}H}-NMR** (d$_6$-DMSO, 150 MHz): [δ] 32.0 (C-6), 35.1 (C-5), 51.5 (C-7), 68.3 (C-12), 69.5 (C-14), 70.1 (C-13), 75.8 (C-11), 126.9 (C-1), 128.4 (C-2), 128.9 (C-3), 138.3 (C-4), 169.2 (C-10), 172.5 (C-8).

4.4 (*N*-Phenylacetyl-*S*-benzyl-(*L*)-cysteino)-dichloro-Platin(II) (5)

Zu einer Lösung von 165 mg (0.43 mmol) **4** in 5 ml Dichlormethan wurde eine Lösung von 141.9 mg (0.43 mmol) **3c** in 8 ml Methanol gegeben. Es wurden weitere 10 ml Dichlormethan zugegeben und die Mischung für 1 Stunde zum Rückfluss erhitzt. Nach Abkühlen auf Raumtemperatur wurde das Solvens im Vakuum (10^{-3} mbar) entfernt und ein rötlichbrauner Feststoff erhalten. Es wurde mit 2 x 10 ml Chloroform gewaschen und der orangebraune Rückstand nach Trocknung im Vakuum (10^{-3} mbar) in 8 ml Dichlormethan aufgenommen. Die nachfolgende Diffusion mit Diethylether führte zum Ausfallen eines pulvrigen, hellgelben Niederschlages, jedoch konnte im Rahmen der Arbeit kein kristallines Material erhalten werden.

5   Zusammenfassung und Ausblick

Im Rahmen dieser Arbeit konnten sechs verschiedene *N*-acylierte Derivate von *S*-Benzyl-*(L)*-Cystein hergestellt werden, wovon drei Verbindungen bereits in der Literatur beschrieben sind. Es wurden dazu in einer Schotten-Baumann-Reaktion die jeweiligen Carbonsäurechloride – wovon eines ebenfalls synthetisiert wurde – mit *S*-Benzyl-*(L)*-Cystein umgesetzt. Die eigentliche Reaktion wurde im Zweiphasensystem Ether/Wasser und die anschließende Aufarbeitung nach einer modifizierten Literaturvorschrift durchgeführt. Die erreichten Ausbeuten sind gut bis sehr gut, lediglich bei einer Verbindung wäre eine Steigerung wünschenswert.

Die Aufreinigung der Rohprodukte wurde optimiert, zwei Verbindungen konnten sogar als kristallines Material in Röntgenstrukturqualität erhalten werden. Im Falle des Naphthoylderivates **3e** wurden einige Reinigungsversuche durchgeführt, wodurch schließlich das Endprodukt erhalten werden konnte. Das Ziel muss es natürlich sein, alle neuen Verbindungen vollständig zu charakterisieren; hierzu ist die Isolierung von kristallinem Material und die Durchführung von Kristallstrukturanalysen unabdingbar.

Nicht erfolgreich war die Isolierung eines Pd(II)-Komplexes mit dem Liganden **3c**, lediglich mittels spektroskopischer Methoden konnte auf eine mögliche Koordination geschlossen werden. Ein weiteres Ziel ist daher die Synthese von Pd(II)-Komplexen mit anderen in dieser Arbeit vorgestellten Liganden. Insbesondere die Koordinationsweise von Verbindung **3f** an Übergangsmetallen (Pd, Cu, Zn) könnte wegen der zu erwartenden ungewöhnlichen sterischen und elektronischen Effekte von Interesse sein.

6   Referenzen und Anmerkungen

1   González, A.; Lavilla, R.; Piniella, J. F.; Alvarez-Larena, A. *Tetrahedron* Vol. 51 **1995**, *10*, 3015-3024.

2   Kossenjans, M.; Martens, J. *Tetrahedron: Asymmetry* **1998**, *9*, 1409-1417.

3   Matos, Jose R.; West, J. Blair; Wong, Chi Huey *Biotechnology Letters* **1987**, 9(4), 233-236.

4   Gu, R.-L.; Lee, I.-S.; Sih, C. J. *Tetrahedron Letters* Vol. 33 **1992**, *15*, 1953-1956.

5   Beckwith, A. L. J. in Zabicky *The Chemistry of Amides*, Wiley: New York, **1970**, 73.

6   Schotten, C. *Ber. Dtsch. Chem. Ges.* **1884**, *17*, 2544.

7   Smith, M. B.; March, J. *March's Advanced Organic Chemistry*, Wiley: New York, **2001**, 424.

8   Internetquelle: http://www.organische-chemie.ch/OC/Namen/Schotten-Baumann-Methode.htm

9   Frey, C. **Präparative Elektrosynthese an polysiloxanmodifiziertem Graphitfilz.** Dissertation Universität Regensburg, **2001**, 138.

10 Simuliert wurde das Spektrum mit dem Programm *ACD/HNMR Viewer Version 8.03* der Firma *Advanced Chemistry Development Inc.* (s. auch http://www.acdlabs.com). Es wurden eine Messfrequenz von 400 MHz und die im experimentellen Teil für Verbindung **3a** angegebenen Kopplungskonstanten angenommen.

11 Hesse, M.; Meier, H.; Zeeh, B. *Spektroskopische Methoden in der organischen Chemie,* Thieme: Stuttgart, **2005**, 111.

12 Hesse, M.; Meier, H.; Zeeh, B. *Spektroskopische Methoden in der organischen Chemie,* Thieme: Stuttgart, **2002**, 43-55.

13 Für die Anfertigung der beiden Röntgenstrukturanalysen ergeht ein herzlicher Dank an Dr. Harald Kelm, AK Krüger, TU Kaiserslautern.

14 (a) Grossel, M C.; Goldspink, M. R.; Hrijac, J. A.; Weston, S. C. *Organometallics* **1991**, *10*, 851-860. (b) Hall, D. C.; Danks, I. P.; Nyburg, S. C.; Parkins, A. W.; Sharpe, N. W. *Organometallics* **1990**, *9*, 1602-1607. (c) Wang, J.-T.; Yuan, Y.-F.; Xu, Y.-M.; Zhang, Y.-W.; Wang, R.-J.; Wang, H.-G. *J. Organomet. Chem.* **1994**, *481*, 211-216.

15 Cotton, F. A.; Reid, A. H., Jr. *Acta Crystallogr.* **1985**, *C41*, 686-688.

16 *Handbook of Chemistry and Physics,* 67th ed.; CRC press, Inc.: Boca Raton, FL, **1987**; F160 ff.

17 Gottlieb, E.; Kotlyar, V.; Nudelman, A. *J. Org. Chem.* **1997,** *62*, 7512-7515.